善良又可恶
蜡烛叔叔

U0243370

韩国赫尔曼出版社◎著　金银花◎译

北京科学技术出版社

人物

文化

美术

助燃物

不同
的火

燃烧
三要素

火为人们的生活提供了诸多便利。
火的燃烧与熄灭需要满足不同的条件。
本书详细介绍了燃烧的相关知识。

语言

社会

火的
使用

可燃物

生活

燃点

历史

朵朵和哥哥在游乐场开心地玩耍。
夜幕降临，两个人回到家里，发现屋子里一片漆黑。

"孩子们，刚才突然停电了。
你们等一会儿，妈妈这就去拿蜡烛。"
妈妈点亮蜡烛，屋子里一下子就亮了起来。
"妈妈出去看看为什么突然停电。
你们两个要小心，不要让蜡烛倒下来。"
妈妈留下朵朵和哥哥，出门了。

"呼——"

朵朵对着蜡烛吹了口气。

蜡烛火焰猛地一晃，差点儿就要熄灭。

"我不用吹就能使火焰熄灭！"

哥哥得意地向朵朵炫耀。

"怎么做呢？"

"燃烧需要氧气。

像这样，把空气隔绝在外面，火焰自然就熄灭了。"

哥哥用一个玻璃杯罩住了蜡烛火焰。

突然，玻璃杯被弹开，蜡烛瞬间变大。
"咳咳！孩子们，谁让你们这么干的？"
朵朵和哥哥被吓得目瞪口呆！
"啊？蜡烛怎么会说话？！你，你是谁？"
"我是掌管烛火的蜡烛叔叔。"

咳咳！

你，你是谁？

"你们知道燃烧除了需要氧气，还需要什么吗？"
朵朵和哥哥摇摇头。
蜡烛叔叔洋洋自得地说：
"哈哈哈！关于燃烧，我可是专家。
可以先帮我熄灭火焰吗？"
朵朵和哥哥对着火焰吹了一口气，
两个人瞬间被卷入黑烟之中。

朵朵和哥哥回过神来时，发现他们躺在一张陌生的沙发上。
"孩子们，欢迎你们！一路辛苦了。
这里是火的世界。"
燃气灶阿姨友好地迎接他们。

"你们跟我来。"
朵朵和哥哥跟上了蜡烛叔叔。

蜡烛叔叔带着他们来到一扇蓝色的大门前。
"进去你们就知道火都有哪些用途了。"
蜡烛叔叔边说边打开了大门。
"哇，有烟花。"
"哥哥，看这里，还有火柴。"
蜡烛叔叔得意地耸了耸肩，说：
"怎么样？没有火，你们人类还能生活下去吗？"
这时，朵朵指着冒烟的烟斗一脸嫌弃地说：
"我讨厌这个烟斗的火。"

篝火给露营者带来欢乐。

燃气灶的火可以煮熟食物。

炕里的火使房间暖和起来。

古人使用烽火传递危急信息。

寒冷的冬天，火炉给人带来温暖。

从前，人们用火烧热烙铁来熨衣服。

火能带来光明。

被火烧热的铁块可以用来制作锄头或镰刀。

听到朵朵的话，蜡烛叔叔大发雷霆：
"什么？讨厌火？
火给人类的生活带来了多少便利啊！"
"叔叔，我们知道火的重要性。
火可以煮熟食物，还为我们带来了光明。"
哥哥的话让蜡烛叔叔平静下来，
蜡烛叔叔这才露出了笑容，说：
"我很怀念过去。过去没有电，
像我这样的蜡烛和油灯都非常珍贵。"

接着，蜡烛叔叔推开一扇红色的门：
"孩子们，取火都需要满足什么条件呢？
好奇吧？让我来告诉你们。"
"哥哥，快看，原始人！"
房间里有一个原始人正在专心致志地忙着。
朵朵歪着头问蜡烛叔叔：
"他为什么费那么大的功夫搓树枝呢？"
"他在取火。"

那是原始人取火的样子。

科学小贴士

加热物质时，物质燃烧所需的最低温度叫作燃点。

这时，木头开始冒烟，
紧接着啪的一声，火苗出现了。
"哇！好神奇！火是怎么着的呢？"
蜡烛叔叔向前迈了几步，说：
"像刚才那样耐心地搓树枝，
相互摩擦的部分温度会逐渐升高，
待温度高到一定程度时就会燃烧。"
哥哥点点头说：
"噢！原来取火需要高温。"

燃点低的物质容易燃烧。

燃点？

19

"这回由你们来揭示取火的秘密吧。

如果你们找到了，我会奖励你们好吃的！"

蜡烛叔叔把朵朵和哥哥带到一座巨大的城堡门口，

城堡里有纸张、木头、石油等。

"这些都是什么啊？哥哥，我肚子饿了！"

朵朵饿得直跺脚。

陷入沉思的哥哥突然拍着大腿说：

"我知道了！这些都是可燃物！"

两个人飞快地去找蜡烛叔叔。

这些都是
可燃物！

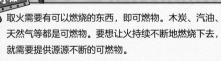

科学
小贴士

取火需要有可以燃烧的东西，即可燃物。木炭、汽油、天然气等都是可燃物。要想让火持续不断地燃烧下去，就需要提供源源不断的可燃物。

"蜡烛叔叔，我们发现取火的秘密了。
快给我们好吃的！"
朵朵坐在椅子上大声说。
"先告诉我你们发现了什么。"
蜡烛叔叔眨了眨眼睛说。
"取火需要氧气、可燃物和一定的温度！"
哥哥大声回答。
"哈哈哈，小小年纪还挺聪明！这就给你们好吃的。"
朵朵吃得津津有味，
还不忘调皮地搞小动作，
一不小心把汤水溅到了蜡烛叔叔头上。
刺——火焰熄灭了。
"哎哟，好黑！"

科学小贴士

熄灭蜡烛火焰都有哪些方法呢？第一种方法，移除可燃物，吹灭燃烧着的火焰或剪掉烛芯。第二种方法，隔绝氧气，用玻璃杯等罩住蜡烛或将干冰（固态二氧化碳）靠近火源。第三种方法，降低温度，对着蜡烛喷水，让温度降到蜡烛的燃点以下。

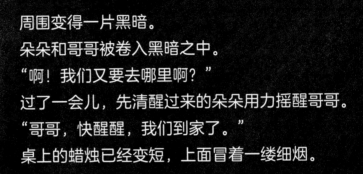

周围变得一片黑暗。

朵朵和哥哥被卷入黑暗之中。

"啊！我们又要去哪里啊？"

过了一会儿，先清醒过来的朵朵用力摇醒哥哥。

"哥哥，快醒醒，我们到家了。"

桌上的蜡烛已经变短，上面冒着一缕细烟。

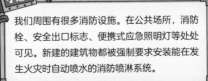

社会
小贴士

我们周围有很多消防设施。在公共场所，消防
栓、安全出口标志、便携式应急照明灯等处处
可见。新建的建筑物都被强制要求安装能在发
生火灾时自动喷水的消防喷淋系统。

突然，周围变得一片明亮。

"哇！来电了！"

朵朵跑进厨房，一下子钻进妈妈的怀里。

"宝贝，你是不是饿了？妈妈马上给你做饭。"

第二天，朵朵和哥哥又到游乐场去玩。

"哥哥，真想再去一趟火的世界。

我们的生活离不开火。"

"可是，我们一定要小心。

火很危险，可以瞬间烧掉一切。"

朵朵瞪大眼睛问：

"善良的蜡烛叔叔也很危险吗？"

"当然！蜡烛叔叔是双面人！"

生活小贴士

我们的生活离不开火，但是使用火时，我们必须格外小心。如果发生火灾，应立即大声求救，迅速按照消防指示牌的指示逃生，并立即拨打火警电话119。

으뜸 사이언스 20 권

Copyright © 2016 by Korea Hermann Hesse Co., Ltd.

All rights reserved.

Originally published in Korea by Korea Hermann Hesse Co., Ltd.

This Simplified Chinese edition was published by Beijing Science and Technology Publishing Co., Ltd.

in 2022 by arrangement with Korea by Korea Hermann Hesse Co., Ltd.

through Arui SHIN Agency & Qiantaiyang Cultural Development (Beijing) Co., Ltd.

Simplified Chinese Translation Copyright © 2022 by Beijing Science and Technology Publishing Co., Ltd.

著作权合同登记号　图字：01-2021-5226

图书在版编目（CIP）数据

如果化学一开始就这么简单. 善良又可恶的蜡烛叔叔 / 韩国赫尔曼出版社著；金银花译. —北京：
北京科学技术出版社，2022.3

ISBN 978-7-5714-1996-7

Ⅰ. ①如… Ⅱ. ①韩… ②金… Ⅲ. ①化学—儿童读物 Ⅳ. ① O6-49

中国版本图书馆 CIP 数据核字（2021）第 259474 号

策划编辑：石　婧　闫　娉		电　　话：0086-10-66135495（总编室）	
责任编辑：张　芳		0086-10-66113227（发行部）	
封面设计：沈学成		网　　址：www.bkydw.cn	
图文制作：杨严严		印　　刷：北京宝隆世纪印刷有限公司	
责任印制：张　良		开　　本：710 mm×1000 mm　1/20	
出 版 人：曾庆宇		字　　数：20 千字	
出版发行：北京科学技术出版社		印　　张：1.6	
社　　址：北京西直门南大街 16 号		版　　次：2022 年 3 月第 1 版	
邮政编码：100035		印　　次：2022 年 3 月第 1 次印刷	
ISBN 978-7-5714-1996-7			
定　　价：96.00 元（全 6 册）			